零基础法式家庭甜点

[日]若山曜子 著 邓楚泓 译

南海出版公司
2017·海口

序 言

说起甜点，大家首先能够想到什么？我首先能够想到的是绘本《古利和古拉》中出现的大大的咖啡色的卡斯提拉蛋糕，以及《长袜子皮皮》中出现的生姜曲奇。

法国有很多好吃的点心，能够在市场上买到的那些品种和日本市售的品种也都大体相似。但是，当有客人来家里做客的时候，妈妈总能快速地烤好法式馅饼。这让我觉得在日本制作法式茶点的难度并不大。

于是，我非常希望能够品尝到味道正宗的法式甜品，因此只要有时间我就会认真制作法式馅饼的面团，煮好当季的水果。

在本书中，我将为您介绍的就是被称作“法式茶点底料”的那些食材。在法国学习甜点制作时，我认识了很多“法式茶点底料”，它们制作简单且有很大的发挥空间，本书中也会介绍使用这些底料制作茶点的方法。例如，可以直接使用冷藏在冰箱里的曲奇面团进行烘烤，制作出新鲜可口的酥油蛋糕；还可以很快制作出酥脆香甜的茶点，即便是有客人突然造访也能够应对自如；甚至还可以通过不同的组合制作出多种美味的糕点。

在法语中douce的意思是“甜味”，同时也有“开心、舒服、安宁、包含爱意”的意思。

甜美人生——La vie douce。

无论独自一人还是和家人朋友一起品尝那些甜点，每一个瞬间都会是舒适放松的。在享受这份美好之前，花心思制作“法式茶点底料”想必也是一种幸福奢华的时光吧！

“法式茶点底料”就是La via douce，我想这简单的“法式茶点底料”就是一种优雅、舒适生活状态的完美体现吧！

目录

Contents

第一章
茶点的底料和花式做法

英式奶油酱
Crème anglaise

焦糖奶油
Crème caramel

杏仁奶油酱
Crème d'amandes

蜜饯、罐头

Confitures et Compotes

曲奇面团

pâte à biscuit

海绵蛋糕面团

Génoise

第二章

简单组合珍藏甜点

NO 7　组合

combinaison

原版图书工作人员

摄影：马场若加

装饰：城素穗

艺术总监及美编：福间优子

美食助手：小营千惠、细井美波、尾崎史江

相关说明

- 在本书中，1 小勺约为 5mL，1 大勺约为 15mL。在使用勺子称量粉类材料的时候要将表面刮平。
- 清晰标注使用烤箱进行加热时的加热温度以及加热时间。
- 标示的加热温度以及加热时间会因为烤箱品牌不同而产生差异，在实际操作过程中请结合实际情况酌情增减时间。
- 在使用烤箱制作时，需要在烘焙之前将烤箱预热。
- 微波炉使用功率为 600W。

“法式茶点底料”究竟是什么？

让我们先从去除水分的酸奶开始熟悉这个概念。只是将酸奶的水分去除就可以得到一种顺滑的好似奶酪口感的底料，应用的范围非常广泛。仅仅是去除酸奶中的水分就能够带来这么多的趣味，真是不可思议。通过我的介绍，您应该能够大体想象到利用“法式茶点底料”制作各种茶点的可能性了吧。

酸奶莓果

芒果酸奶冰淇淋

牛油果枫糖酸奶

酸奶坚果单层三明治

脱水酸奶

Le yaourt égoutté

脱水酸奶是法国超市中很常见的一种食材。它能够很好地和水果融合在一起，在超市中可以看到巧克力、太妃糖、坚果、香草慕斯等多种口味。但是最为经典的还是原味脱水酸奶，它可以作为早餐，也可以作为茶点、甜点，应用范围非常广泛。日本的酸奶一般都比较清爽，因此只要简单地去除水分，就能够很方便地将其应用到更多的领域。我最喜欢的是牛油果枫糖酸奶的搭配。在此我将为您介绍3种酸奶脱水的方法，脱水时间越长，酸奶就会变得越黏稠。另外，我们还可以将酸奶与干果进行混合，通过干果来吸收酸奶中的水分。酸奶干果因为混合了酸奶的酸味而变得更加新鲜，能够让您有一种耳目一新的感觉。

使用筛子过滤

将筛子放置在碗上，在筛子上面放置过滤纸，倒入酸奶，等待水分过滤。一般1小时可以滤掉一半的水分。

使用滴漏杯过滤

将滴漏杯放置在杯子上，滴漏杯上面放置过滤纸，倒入酸奶，等待水分过滤。一般1小时可以滤掉一半的水分。

混合干果

将喜爱的干果与酸奶进行混合，等待水分被吸收。大约放置一晚即可。

酸奶坚果单层三明治

将切成薄片的法式乡村面包放入烤箱微微烘烤，将脱水酸奶涂在面包片表面，将开心果、核桃、榛子等坚果随意撒在面包片上，再撒上少许粗盐，最后淋几滴橄榄油即可。

牛油果枫糖酸奶

将牛油果切成两半，去除果核，将脱水酸奶放在果肉上，最后淋上枫糖。

芒果酸奶冰淇淋

将芒果（可冷藏）60g 切成 1cm 小块，加入脱水酸奶 50mL，加入香草冰淇淋 100mL、1 大勺蜂蜜，放入冰箱冷藏。

酸奶莓果

根据自己的喜好在碗中放入草莓、树莓以及蓝莓等水果，然后加入脱水酸奶，也可以加入蜂蜜和细白砂糖（粉砂糖）。

专栏 本书使用的食材

本书中制作茶点“底料”最常用到的食材是面粉、砂糖、黄油和鸡蛋，
熟悉每种食材的特性可以让您制作出更加美味的茶点。

A 面粉

本书使用的面粉都是低筋面粉（品牌 DOLEC）。通常来说，使用相同品质的面粉就能够制作出好吃的甜点。但是，制作口感比较脆的曲奇类茶点可以选择蛋白质含量较高的面粉；制作海绵蛋糕等蓬松感十足的蛋糕需要选择蛋白质含量较高的面粉。

B 砂糖

在制作茶点的时候大多会使用砂糖，选择赤砂糖制作会有不同的口味。如果没有特别标注，本书中所使用的都是砂糖（Granulated）。有的茶点会选择使用细砂糖，使用细砂糖制作的茶点内部会有一定的空气，口感更加清爽。

C 黄油

本书中没有特别限制黄油品牌，但是请使用无盐黄油。同时，推荐使用发酵黄油，它可以使茶点味道更佳浓郁的同时又不会过于油腻。请注意，黄油要先从冰箱中取出放置在室温内回温，然后再与面团混合。

D 鸡蛋

一般而言，大多使用 M 号的鸡蛋。对于英式奶油酱和海绵蛋糕而言，需要特别体现鸡蛋的风味，所以选择鸡蛋要更加谨慎。少量的水分就会使蛋白酥皮失去风味，因此制作时要保证所使用的工具保持干燥。

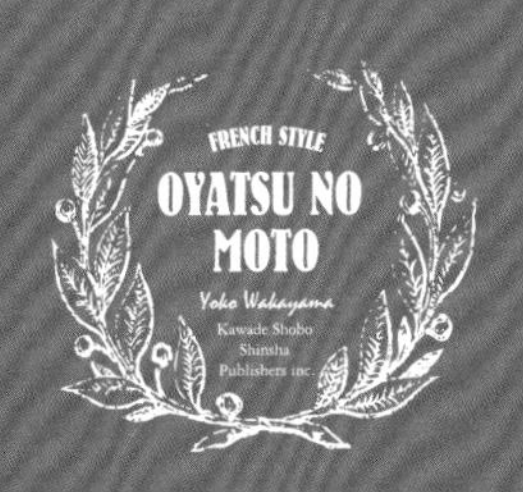

第一章

茶点的底料和花式做法

“只要有这些，我们就能够制作出好吃的茶点”。在本章中，我们将为您悉数介绍这些茶点的“底料”，添加、混合、冷藏、烘焙……只要使用这些“底料”，相信您就可以轻松制作出各种美味茶点。

No 1

英式奶油酱

Crème anglaise

口感顺滑的英式奶油酱变身美味饮料、巴伐露以及甜粥。

鸡蛋的风味与浓郁的香草味道完美融合的卡仕达酱。制作材料简单，只需蛋黄、砂糖、牛奶以及香草即可。制作的时候需要注意，如果温度超过 82℃，鸡蛋黄就会变成糊状的美式荷包蛋（scrambled egg），那就不能够使用了。制作的时候也并不需要特别费事地测量温度，只要稍加留意即可。认真观察，当鸡蛋变得比较黏稠的时候即可完成制作。这一款酱料也是法式甜点师资格认证考试中经常出现的考题。在平时也经常会烤煳或者出现失误，因此要多加练习。这也是成功之路上与时间的较量。还记得曾经参加考试的我是那样小心翼翼、充满自信地制作这款酱料，考试最终取得满分的幸福感也是一个美好的回忆。

简单的花式做法

将酱料淋在水果上（推荐草莓以及芒果）即可制作出美味甜点。

将酱料淋在市场上买来的磅蛋糕上即可制作出美味奢华的家庭派对甜点。

将酱料淋在巧克力蛋糕上就能够制作出美味的富有法国风情的甜点。

英式奶油酱的制作方法

制作材料（方便制作的分量，大约 300mL）*

鸡蛋黄（混合好） 3 个

砂糖 50g

牛奶 250mL

香草荚 ⅓ 根

* 用量翻倍可以制作更多。

保存方法

放入保鲜袋后擀平整，放入冰箱冷冻室里可以保存两个星期。如果一天能够使用完，也可以放在冰箱里冷藏。使用的时候请事先自然解冻。

1

在蛋黄溶液中加入约 ⅔ 用量的砂糖，使用打蛋器搅拌。

☞蛋黄容易吸收水分，会使砂糖凝结成糖块，因此要迅速搅拌。

2

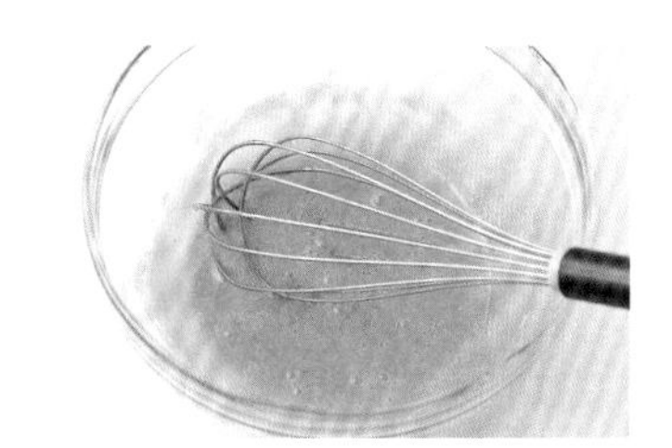

一直搅拌至鸡蛋变白。

3

将牛奶倒入锅中，加入剩余的砂糖。

4

将香草荚纵向剖开，使用刀背将香草籽刮下。

5

将香草荚和香草籽一起放入 3 的锅内，使用小火加热，注意不要煮沸。

6

将 5 中一半的牛奶倒入 2 的锅内，然后加入香草荚和香草籽，仔细搅拌。

7

将 6 倒入锅中，使用刮板不断搅拌，小火加热。

☞注意不要煮沸，锅边容易过热而凝固，因此要使用刮刀紧贴锅边进行搅拌。

8

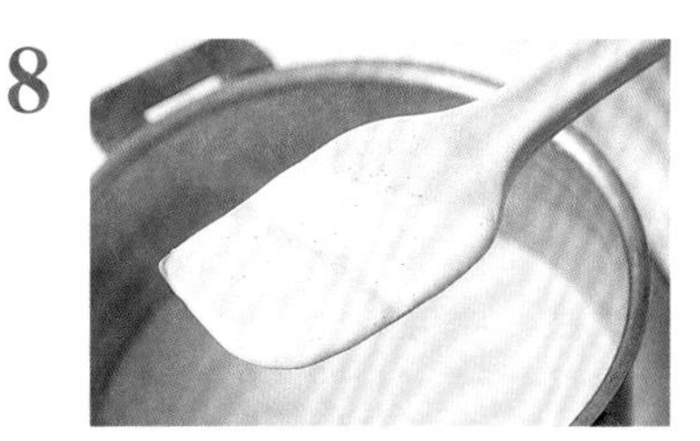

小火继续煮至黏稠得能够粘在刮刀上后，使用漏勺过滤，最后倒在碗中。

9

将碗置入冰水中，一边搅拌一边冷却。

☞制作完成后如果不进行冷却的话，中间部分会有一定的余热，容易导致变质，因此要在搅拌的同时进行降温。

添加

英式奶油酱烤苹果

英式奶油酱搭配烤苹果，做法简单却很美味。烘烤过的苹果口感略软，与具有浓郁奶香的鸡蛋酱料非常般配。

制作方法：
将苹果切开（可以选择红玉苹果），去掉苹果核，加入黄油、赤砂糖各½大勺，根据个人口味还可以加入少许肉桂、½小勺朗姆酒，在温度170～180℃的烤箱中烤30分钟。完成后放置在盘子内，小心地在苹果周围倒入1杯英式奶油酱，如果酱比较凉，可以加温后品尝。

混合　冷冻

奶昔、香草冰淇淋

与牛奶混合的制作方法让您不禁有一种怀旧的感觉。直接将英式奶油酱冷冻就可以制作冰淇淋了，味道非常浓醇，不加鲜奶也能够回味无穷。

制作方法：

奶昔（左侧）

在搅拌机中加入等量的英式奶油酱和牛奶，根据个人口味还可以加入炼乳。

香草冰淇淋（右侧）

将英式奶油酱放入盒子内搅拌后冷冻，也可以放入保鲜袋，冷冻后放入食物料理机或者搅拌机内搅拌，由于英式奶油酱本身比较黏稠，搅拌之后会变得更有黏度，奶香味道更浓郁。

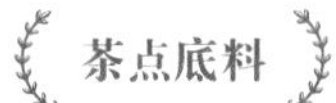

英式奶油酱
（p12）

香草巴伐露

使用中火细致地煮制鸡蛋黄，这应该是属于英式奶油酱的一种奢华做法。这是一款具有香草味道，略带复古风格的甜点，口味浓醇，口感轻盈，不管哪个时代，一款制作完美的香草巴伐露都是非常美味的。

制作材料 （500mL 模具，1 个份）

英式奶油酱　300mL

明胶粉　5g

水　½ 大勺

鲜奶油　100mL

砂糖　½ 大勺

草莓（根据口味）　适量

准备工作

· 将水和明胶粉放入较大的碗中，认真浸泡。

1

将浸泡过的明胶隔水蒸，慢慢使其溶化。当明胶溶化之后加入 ¼ 英式奶油酱，使用刮刀进行搅拌使其混合均匀。

2

将剩余的英式奶油酱倒入碗中，继续混合搅拌。将碗浸在盛有冰水的锅中，一直搅拌（降温）至逐渐变得黏稠（A），为了避免凝固，要不停进行搅拌。

3

在冷却的同时，将鲜奶油、砂糖在另一个碗中进行搅打，直到搅打至八分打发（提起打蛋器，打发物有稍弯的尖角）。

4

当 2 逐渐具有弹性的时候加入 3，继续仔细搅拌后放入模具中，再放入冰箱进行冷藏至少半天以上。

5

将热水放入碗中，迅速将模具放入其中，使用小刀将甜点边缘与模具的边缘分离，最后可以根据喜好装饰上草莓。

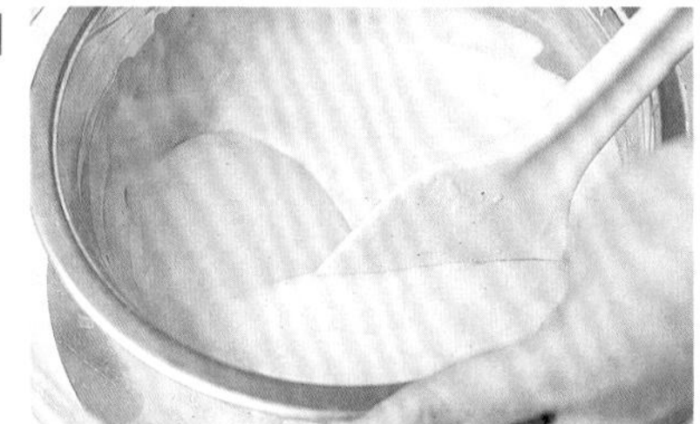

小贴士

如果明胶用量较少，请适当延长冷藏时间。将甜点从模具中取出时要特别小心。如果想要更快品尝到美味的甜点，在制作的时候可以适量增加明胶的使用量，在冰箱中放置 30 分钟即可。

№ 1

Crème anglaise

英式奶油酱
（p12）

NO 1
Crème anglaise

制作材料（直径7cm、高6.5cm的小碗，3个份）

英式奶油酱　300mL
明胶粉　2g
水　2小勺
橙子皮泥　½小勺（少量）
砂糖　2大勺

准备工作

将水和明胶粉放入较大的碗中，慢慢浸泡。

1
将浸泡过的明胶隔水蒸，慢慢使其溶化。明胶溶化后加入¼英式奶油酱，使用刮刀进行搅拌使其混合均匀。

2
将橙子皮泥以及剩余的英式奶油酱放入锅中继续搅拌，然后放入冰箱冷冻2小时以上。

3
等完全凝固之后，用小勺在表面撒砂糖两次，使用喷枪或者电烤箱、烤架对甜点表面进行烘烤。

小贴士

如果制作截止到步骤2，请在表面凝固后使用保鲜膜覆盖，放入冰箱里冷冻4～5天，之后想要食用的时候，可以从步骤3开始加工。

香橙的香味是这款甜品的点睛之笔，如果没有香橙，可以改用柑曼怡（p54），也可以使用柠檬。

加泰罗尼亚风焦糖布丁

这款甜点与西班牙加泰罗尼地区的加泰罗尼亚甜点非常相似，焦糖的香味与半解冻的奶油很搭。因为使用了明胶，所以即便冷藏也不会变硬。

雪花蛋奶

这款甜点的法语名字叫作“Oeufsàla neige”，“oeufs”是鸡蛋的意思，“neige”是雪的意思。

因此，这是一款非常赏心悦目的甜点。

加入坚果后甜点更具魅力，还可以根据自己的口味加入焦糖，同样非常好吃。

制作材料（4人份）

英式奶油酱　300mL（可根据盘子大小调整）

蛋白　1个份（约30g）

砂糖　1小勺

杏仁片（干炒）　适量

1

将蛋白倒入碗中，搅拌至产生白色泡沫。

2

放入少许砂糖，然后搅拌至变成一团。

3

在锅中煮沸水，使用小勺将2加入锅中，每次约¼小勺，使用小火煮3分钟，然后翻转方向继续煮1分钟，最后取出。

4

在盘子中倒入英式奶油酱，将3放在中间，最后撒上杏仁片。

英式奶油酱
（p12）

NO 1

Crème anglaise

法式牛奶饭

很多人恐怕都吃不惯甜米饭，但是这款牛奶饭好像粥一般黏稠，
牛奶的甘甜与英式奶油酱的蛋香搭配更加美味。

制作材料（2～3人份）

英式奶油酱　150mL
牛奶　300mL
大米　3大勺（50mL）
砂糖　1小勺

1

在小锅中加入牛奶、米以及砂糖，隔一会儿搅拌一下，小火煮。当快要干锅的时候继续加水，最终变成如同粥一般黏稠。

2

散去余热，放入冰箱内冷藏，加入凉的英式奶油酱后就可以享用了。也可以再加入温热的英式奶油酱，在温热的状态下品尝。

小贴士

可以根据个人口味加入香橙皮、肉桂粉，也可以加入杏仁奶油酱、焦糖奶油，甚至选择您个人喜欢的果酱。

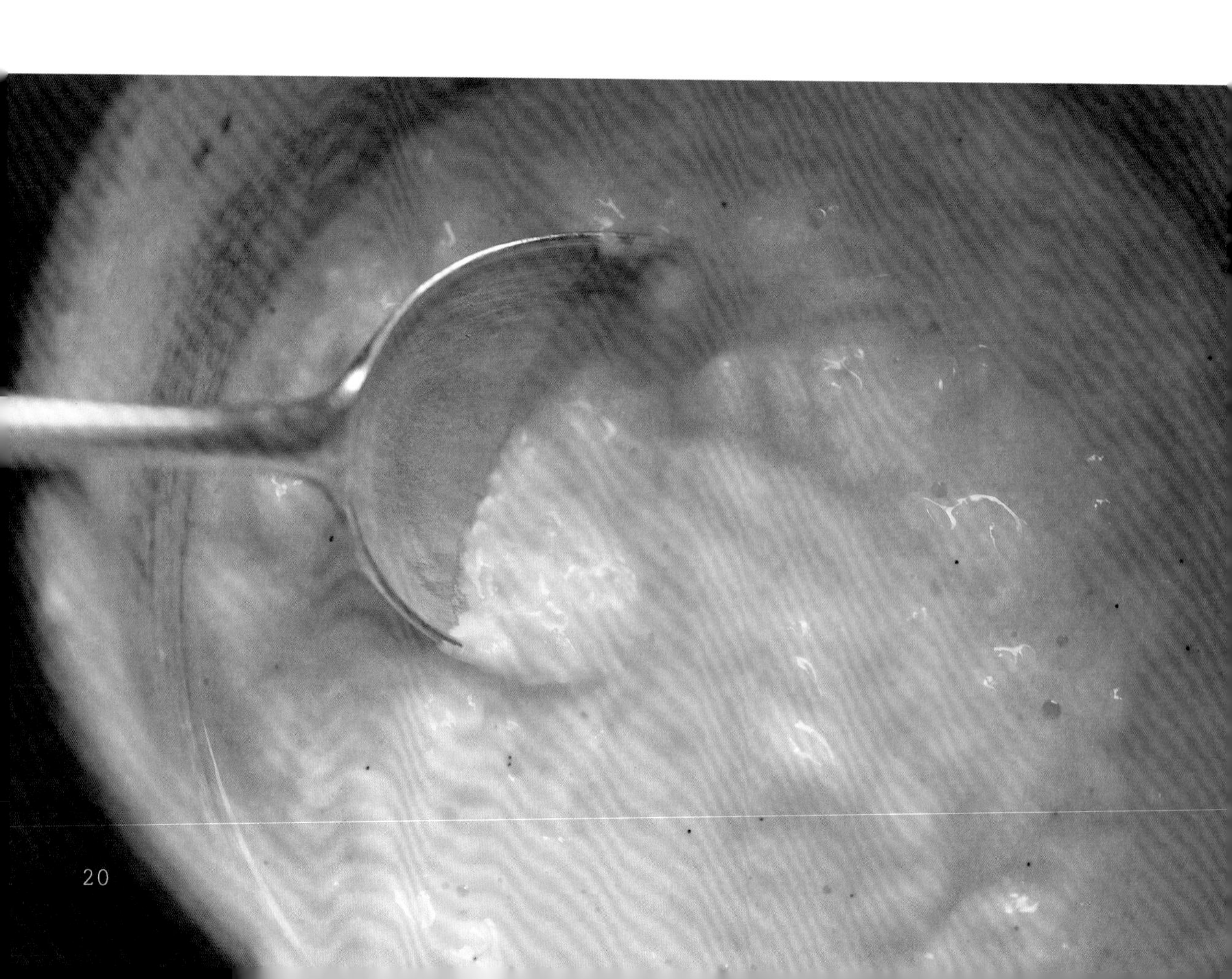

专栏　使用蛋白制作的甜点

为您介绍 2 种使用蛋白制作的简单甜点。烘烤后香味四溢，口感清爽。加入无糖的鲜奶油，作为搭配咖啡的甜点也非常适合。

A 蛋糕饼

制作材料（方便制作的分量）

蛋白　2 个（约 60g）

砂糖　60g

细白砂糖　60g

薰衣草（根据喜好）　适量

1　将蛋白放入搅拌机内搅拌，稍微凝固成团时，加入少量砂糖继续搅拌，直到最终成为一团。

2　撒入细白砂糖，用一只手固定盆，另一只手拿住刮刀从底部开始用力搅拌 10 次左右。

3　放入带有金属裱花嘴的裱花袋中，用力挤出，最后根据喜好放上薰衣草。

4　在 120℃的烤箱中烘烤 2 小时，然后关闭烤箱通过余热继续加热，当整体变得比较轻的时候烘烤结束。

B 罗氏蛋糕（椰子蛋糕饼）

制作材料（方便制作的分量）

蛋白　3 个（大约 100g）

砂糖　180g

椰子粉（细磨）　100g

1　在盆中加入蛋白和砂糖混合，隔水蒸（40℃）。

2　蒸至起泡、蛋白温热的时候停止加热，搅拌至成为一团。

3　加入椰子粉继续搅拌，使用勺子将蛋糕取出，放置在烘焙纸上。

4　在140～150℃的烤箱中烘烤20～30分钟，当整体变轻时烘焙结束。

小贴士

非常怕潮湿，因此要放入冰箱或者干燥箱内，请使用密封罐封存。

蛋白放在密封罐里可以冷藏 2 周，冷冻 1 个月，方便制作甜点的时候使用。

制作罗氏蛋糕时可以使用咖啡粉来代替砂糖。

№ 2

焦糖奶油

Crème caramel

制作方便，略带苦涩，可直接涂抹食用也可以制作成蛋糕。

说到“法式茶点底料”，最先浮现在脑海中的应该就是装在瓶子里的焦糖奶油了。制作材料只有两种，即砂糖和鲜奶油，加热即可制作出来。我个人也非常喜欢这种略带苦涩的味道。锅底一团黑乎乎的好似酱油的底料，在旋转锅的时候竟然又能够呈现透明的颜色，因此在制作中要不断观察。略微有些煳的焦糖奶油能够通过其香气和苦涩使甜味更加凸显，我们可以在市售的糕点或者冰淇淋、黄油烤面包上加上焦糖奶油，使整体的味道得到提升，虽然简单，却有助于升华味道。

简单的花式做法

涂抹在黄油烤面包上就变身为美味的早餐面包。

涂抹在曲奇三明治上就变成了甜点。

放在热牛奶中能够产生一种略带苦涩的醇厚的味道。

焦糖奶油的制作方法

制作材料（方便制作的分量，约 300g）

砂糖　90g

水　2 大勺

鲜奶油*　200mL

* 使用微波炉加热到与人体体温差不多的温度。

保存方法

装入煮沸消毒过的密封罐中，可以放在冰箱内冷藏保存 2 周。

1

在锅中加入砂糖，再倒入水。

2

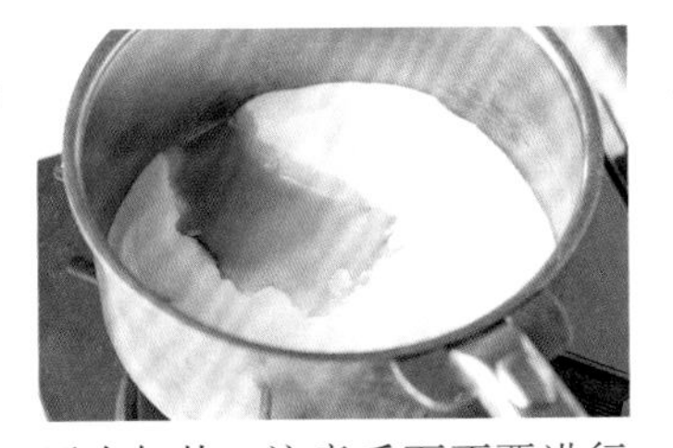

开火加热，注意千万不要进行搅拌，搅拌会使口感变硬。

☞在加热的时候轻轻旋转锅，让水充分浸润砂糖即可。

3

边缘部分开始变成茶色。

4

当开始冒泡的时候开始搅拌。

5

当变成茶色且颜色逐渐均匀后改为慢慢搅拌。

6

当整体变成茶色之后关火，通过余热使其颜色变得更深。

7

加入温热的鲜奶油后混合，因为有余热，注意不要烫伤。

8

再次开火进行混合，避免水分流失，小火加热 5 分钟左右。

9

当沸腾且整体变得黏稠时关火，焦糖奶油完成。

制作方法：
将超市中购买的速食派切成细条状，用刷子在表面刷上水，然后撒上一定量的豆蔻、肉桂粉以及砂糖，在190℃的烤箱中烘烤10～15分钟，当正反两面都上色之后，涂抹焦糖奶油。

涂抹

焦糖奶油派

在派上涂抹焦糖奶油就可以简单制作完成的一款很有奢华感的甜点。除了使用超市中能够购买到的速食派以外，还可以使用饼干及面包。

叠放

酷拼杯

将喜欢的东西堆叠在一起，最后加入焦糖奶油即可。也可以使用冰淇淋、饼干进行混合。略带酸涩的水果也会因为焦糖奶油的加入而产生略带苦涩的甘甜。

制作方法：
在杯中放入香草冰淇淋、香蕉、树莓、饼干（超市购买）以及酸果酱，最后加入焦糖奶油，可以根据个人口味加入朗姆酒或者葡萄干。

焦糖奶油
（p22）

巧克力焦糖
酸杏杏仁焦糖

煮制一下焦糖奶油与水果、坚果或巧克力混合即可轻松制作不同口味的焦糖。我个人比较喜欢的搭配是略带酸味的杏和杏仁组合。制作的时候还可以根据个人喜好加入水果干。

制作材料（容易制作的分量）

[巧克力焦糖]

焦糖奶油　150g

巧克力（切大块）　50g

[酸杏杏仁焦糖]

焦糖奶油　大约 150g

杏干　30～40g

杏仁（干炒）　30～40g

准备

将烘焙纸放在盘子上或者密闭的容器上。

1

将焦糖奶油倒入小锅中加热，当整体均匀煮开后，改小火搅拌 5 分钟。

2

加入巧克力或者杏干和杏仁，快速搅拌，然后盖上盖子或者装入密闭的容器中。

3

待冷却后在表面盖上保鲜膜，放入冰箱内冷藏一晚，凝固后切割成便于食用的大小。

A

小贴士

使用杏干或者其他水果都没有关系，但是建议使用能够吸收水分的果干。

№ 2

Crème caramel

焦糖奶油
（p22）

焦糖蛋糕

焦糖奶油为基础制作的蛋糕，微甜中略带一丝苦涩，是一款口感松软的蛋糕。根据喜好还可以淋上焦糖奶油，然后撒上少许的粗盐。

制作材料（18cm×7cm×6.5cm 的吐司面包模具，1 个份）

焦糖奶油　100g

黄油　80g

砂糖　60g

鸡蛋　2 个

低筋面粉　100g

发酵粉　3g（约 ½ 小勺）

朗姆酒　1 大勺

装饰用焦糖奶油（根据喜好）　适量

准备

将黄油和鸡蛋放置在室温下回温。

在吐司模具中铺上烘焙用纸。

将烘焙用纸按照虚线剪下。

↓

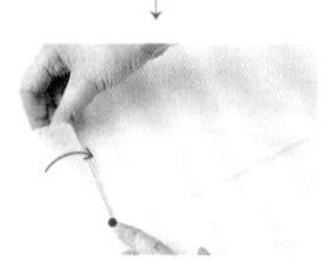

一只手按住顶端，卷起。

↓

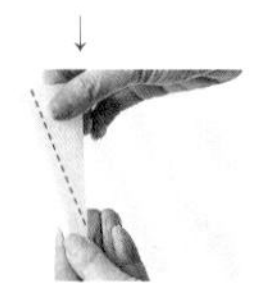

将一条左侧边缘按平，制作出尖头。

↓

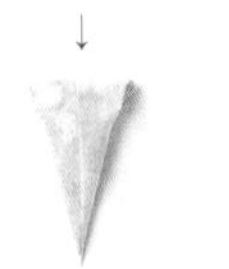

将焦糖奶油放置在其中，然后剪开尖头部分。

1

在碗中加入黄油和砂糖，使用高速手持搅拌机搅拌3～4分钟，黄油中含有空气会产生白色的泡沫。

2

加入焦糖奶油继续搅拌，将鸡蛋溶液分 10 次加入其中，每次都要搅拌均匀。

3

将低筋面粉和发酵粉混合后筛入，然后继续使用搅拌器搅拌，加入朗姆酒。

4

使用单手和面，直到全部混合均匀。使用刮刀从底部将面团大力翻转。

5

放入吐司模具中，用刮刀将面包顶部整理平整，在 170℃的烤箱中烘烤 40 分钟，直到表面裂开，冷却后制作完成。

6

使其自然冷却，表面淋上焦糖奶油（参照左图）。

小贴士

如果想要形成如同大理石一样的纹路，在步骤 2 中不加入焦糖奶油，使用 ¼ 用量的面粉与焦糖奶油进行混合，最后加入剩余的面粉完成烘焙。

№ 2

Crème caramel

№3 杏仁奶油酱

Crème d'amandes

与水果进行混合便可制成水果派的酱料，只是单纯用于烘焙就能够制作出非常好吃的甜点。

在欧洲，杏仁奶油酱是很受欢迎的。我们能够想到的不论是简单的烘焙点心还是奢华的餐后甜点，杏仁都是法式甜点中不可或缺的角色，杏仁奶油酱也是非常基础的一款酱料。将所用到的材料进行混合就可以轻松制作出来，制作中不用在乎鸡蛋的大小，只要根据比例混合少量的低筋面粉就可以了。因此，我想法式甜点的本源应该就是那些最为简单质朴的东西。混合当季的水果一起制作，就能够得到味道非常甜美的法式甜点，即便冷冻也不会影响果酱的味道，所以可以多制作一些，方便随时取用。

简单的花式做法

使用杏仁奶油酱直接烘烤就可以制作出费南雪风味的甜点。

将洋梨、香蕉、苹果以及梅果等当季水果混合杏仁果酱一起放在耐热器皿中烘焙即可完成甜点的制作。

杏仁奶油酱的制作方法

制作材料（容易制作的分量，约 200g）*

黄油　50g

细白砂糖　50g

鸡蛋　1个（50～60g）

杏仁粉　50g

低筋粉　1大勺

* 用量翻倍可以制作更多。

准备

将黄油和鸡蛋放置在室温下回温。

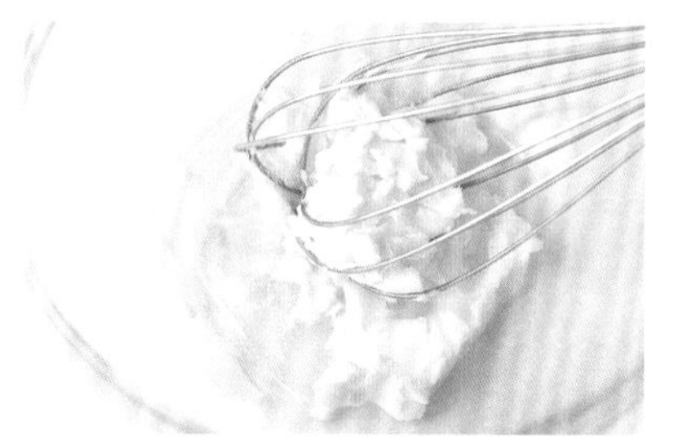

使用打蛋器打发黄油，使其呈现奶油状。

2

将白砂糖全部加入。

3

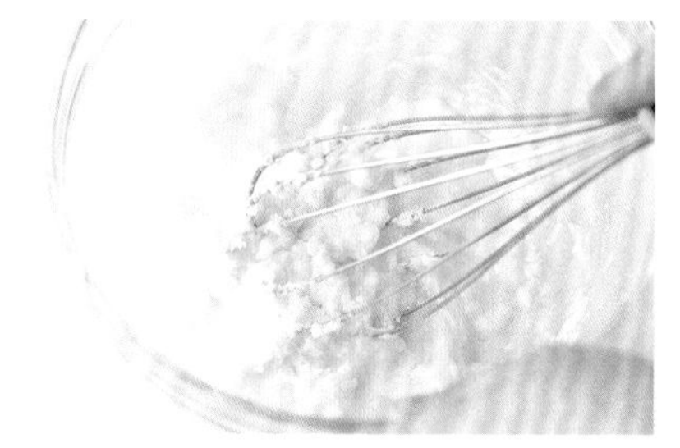

使用打蛋器继续搅打。

4

在碗中依次加入鸡蛋液、杏仁粉以及低筋面粉。

5

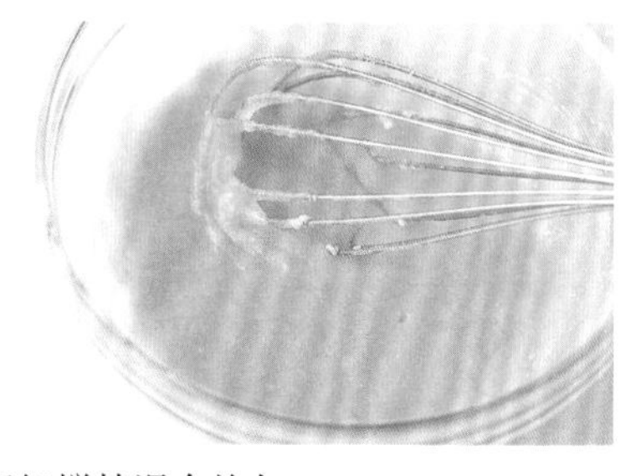

仔细搅拌混合均匀。

保存方法

使用保鲜膜仔细包裹（或者装入密封袋中），将面团擀平后放入冰箱中冷冻。可以保存3个星期左右，使用时自然解冻即可，如果2～3天内可以使用完，也可以放置在冷藏室内。

烘焙

香甜薯饼蛋糕

这款蛋糕只是将杏仁奶油酱和其他食材进行简单的烘烤就可以完成，味道香甜。加入红薯可以使香气更浓，口感也更加柔和，使用可爱的模具精心烘焙，送给朋友做伴手礼也很不错。

制作方法：

使用可以制作12个份的蛋糕模具。将烤好的红薯切大块，然后加入2大勺蜂蜜、1大勺朗姆酒，一边轻轻搅拌一边捣碎红薯。将杏仁奶油酱全部加入其中，然后倒入涂抹了黄油的模具中，在180℃的烤箱中烘焙15～20分钟，直到表面膨胀、颜色变成茶色为止。

烘焙

香橙杏仁蛋糕
葡萄杏仁蛋糕

香味浓郁的杏仁奶油酱和略带酸味的水果完美融合。除此之外，杏仁奶油酱和树莓、油桃、洋梨以及无花果也非常搭。简单的烘烤之后，水果会和面团完美融合，即便第二天食用也依旧美味。

制作方法：

推荐您使用直径2～3cm的模具。将黄油粉倒入模具中，然后加入杏仁奶油酱，将香橙切片（葡萄切开），也可以根据喜好加入迷迭香，在180～190℃的烤箱中烘焙30分钟，直到整体上色为止（如果使用两倍左右的杏仁奶油，请选用直径7cm的模具，6～7个份），可以根据喜好将酸杏果酱用水稀释，然后涂抹在甜品表面。

杏仁奶油酱
(p30)

杏仁牛角包

这是一款面包店中经常出现的甜点，只要有杏仁奶油酱就可以轻松制作。这种制作方法可以使放置了一段时间的牛角包重添新鲜风味。在面包中间涂抹酸果酱，可以给面包整体的甜味增加一丝苦涩的味道。

制作材料（2人份）

杏仁奶油酱　100g

酸果酱　3大勺

牛角包　2个

杏仁片（如果有）　适量

1

在酸果酱中加入相同计量的水进行混合，在小锅中或用微波炉加热煮制，煮到可以方便涂抹在面包上。

A

2

将牛角包对半切开，在中间涂抹1（A），如果牛角包表面比较硬，也可以在表面上涂抹一些。

3

在三明治表面涂抹杏仁奶油酱，将杏仁片撒在面包表面，然后放入170～180℃的烤箱中烘烤15分钟，直到面包表面呈现茶色。

No 3

Crème d'amandes

杏仁奶油酱
(p30)

香蕉和树莓果酱杏仁吐司

在满涂香味四溢的杏仁奶油酱的面包上铺满热气腾腾的香蕉片，在中间再加上树莓果酱，便成为分量十足的大份吐司糕点。

制作材料（2 份用量）

杏仁奶油酱	200g
主食面包（切成 6 等份）	2 片
树莓果酱	2 大勺
香蕉	2 小根

1

将树莓酱涂抹在主食面包片上，香蕉纵向切开后进行 3 等分铺在面包片上，最后在面包表面涂抹杏仁奶油酱。

2

在180～190℃的烤箱中烘烤10～15分钟，也可以在电烤炉中烘烤。但是，不同品牌的烤箱烘烤时间会不同，需要酌情调整时间。

No 3

Crème d'amandes

No 4

蜜饯、罐头

Confitures et compotes

金橘罐头

酸杏罐头

桑格利亚酒蜜饯

保持水果美味。可制作饮品、烤水果……用途广泛。

如果想要水果保持新鲜，就需要一定量的砂糖。我也特别喜欢利用这些水果中本身具有的酸味、苦味以及香味来制作甜点。日本的水果大多水分含量较高，如果能够遇到比较酸或者比较苦的水果，我就一定会制作成水果蜜饯。一般我会用小火慢炖来制作果酱，但是很多朋友制作果酱的量很大，常会使用中火快速地蒸干水分，保持新鲜感，最后用预热使其入糖味。除了本章中我介绍的材料之外，还可以使用山葡萄、梅子、橘子等水果，为每个季节增添上当季最为新鲜的味道。

简单的花式做法

加入水及苏打水制作成饮料，冷冻后制作成冰沙。

与咸味的小食品搭配可以作为很好的下酒甜点。

搭配市售的烘烤类甜点或者冰淇淋，可以成为很好的餐桌甜点。

桑格利亚酒蜜饯

使用露天栽培、略带酸味的纯天然草莓，加入香橙、葡萄干后与红酒混合，就能够产生一种桑格利亚酒的奢华酸味和独有的甜味。

制作材料（方便制作的分量）

草莓　1 盒（300g）
砂糖　100g
香橙（日本产）　100g
红葡萄酒　80mL
葡萄干　20g

去除草莓蒂，放置在砂糖中腌制（A），然后放入锅中。将香橙连同皮一起洗干净、切开。在锅中倒入红酒，开火加热，当颜色变浅后挤入香橙，放入葡萄干，再煮 15 分钟。

A

苹果罐头

请选择比较酸的红玉苹果，连同苹果皮一起制作，苹果皮会呈现可爱的粉色。

制作材料（容易制作的分量）*

苹果（红玉）　2 个
ⓐ 白葡萄酒　100mL　　水　200mL
ⓐ 柠檬汁　½ 个份　　砂糖　100g

* 用量翻倍，可以制作更多。

将苹果切成 4 等份，去核，削皮（留下别扔），将苹果皮以及ⓐ放入锅中加热，沸腾后加入苹果（A），留有缝隙地盖上锅盖，小火煮 15 分钟，苹果整体加热之后关火，用余热继续加热。

A

酸杏罐头

干酸杏浓缩了甜味以及酸味，与香草的香味混合后再加入糖浆，是一款果味十足的罐头。

制作材料（方便制作的分量）*

香草荚　1 根

干酸杏　100g

砂糖　100g

* 用量翻倍，可以制作更多。

纵向剖开香草荚，去籽。将全部材料放入锅中，加入一定量的水，小火煮 20 分钟（A），自然放置冷却。

A

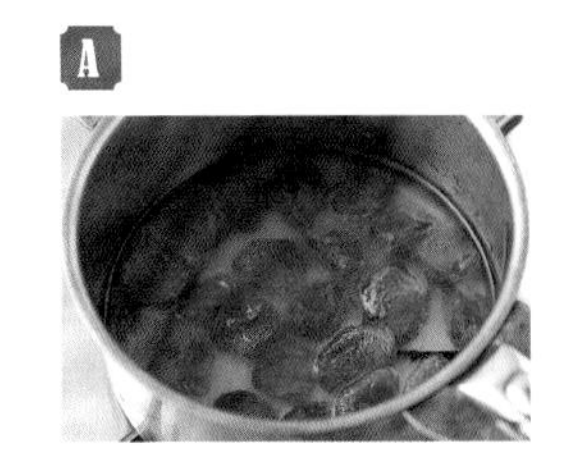

生姜罐头

生姜以及姜汁的应用范围都非常广泛。这是一款能够感受到生姜辛辣味道的罐头。

制作材料（方便制作的分量）*

生姜　70g

水　200mL

砂糖　80g

* 用量翻倍，可以制作更多。

将生姜去皮，然后切成火柴棒大小（A）。将全部材料放入锅中煮 10 分钟，自然放置冷却。

A

金橘罐头

使用酸味和苦味比较浓郁的金橘制作而成的罐头，搭配奶酪以及巧克力、火腿非常好吃。

制作材料（制作方便的分量）

金橘　300mL

水　150mL

砂糖　150g

去除金橘蒂，切成两半，去掉籽（A），在锅中加入金橘和水，中火炖 5 分钟，然后加入砂糖，改小火煮 15 分钟，自然放置冷却。

A

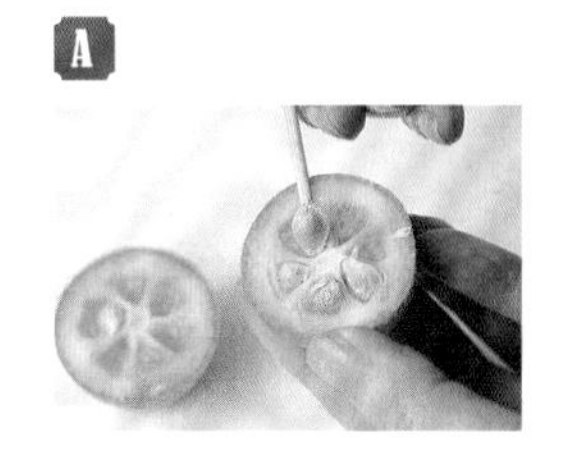

金橘罐头（p41）

苹果罐头（p40）

桑格利亚酒蜜饯（p40）

火腿金橘卷
苹果酸奶
桑格利亚三明治

可以作为前菜，看上去非常奢华。金橘和草莓能够与略带咸味的食物以及酒搭配食用。苹果与味道单纯的酸奶混合所带来的双重酸爽让人欲罢不能。

【火腿金橘卷】

制作材料 2 人份

罐头金橘　4 块

生火腿　4 片

将罐头金橘沥干水分后用火腿卷起。

【桑格利亚三明治】

制作材料 2 人份

桑格利亚酒蜜饯中的草莓　4 粒

卡门培尔干奶酪　¼ 个

法棍面包薄片　4 片

黑胡椒　少许

将卡门培尔干奶酪 4 等分，放在法棍面包薄片上，然后放上草莓，撒上黑胡椒。

【苹果酸奶】

制作材料 2 人份

罐头苹果　2 片

脱水酸奶（p8）　4 小勺

喜欢的香料（薄荷等）　少许

将苹果切成小块，然后放入脱水酸奶中，根据喜好撒上喜欢的香料。

生姜罐头
（p41）

姜味曲奇

用姜制作的曲奇会略带辛辣。与蜂蜜以及黄油的融合度很高，因此不用鸡蛋，只需混合黄油，完美的口感让人根本停不下来。

制作材料（直径 5cm，18 个份）

罐头生姜（切细条） 20g

黄油 40g

蜂蜜 30g

赤砂糖 30g

低筋面粉 100g

泡打粉 ⅓ 小勺

1

将黄油和蜂蜜放入耐热容器中，用微波炉加热 30 秒使其熔化，然后加入赤砂糖搅拌均匀。

2

散尽余热后加入生姜、低筋粉以及泡打粉，使用刮刀搅拌成团。

3

将面团等分后揉成直径 3cm 大小，把表面按平整，留有一定间隙地摆放在烤盘上。

4

在 170℃的烤箱中烘焙 15 分钟（温热的时候拿取容易变形，因此一直要彻底放凉）。

金橘罐头
（p41）

金橘巧克力蛋糕

味道浓郁、略带苦涩的巧克力面团中加入罐头金橘后，酸味得到了凸显。制作的时候只需要将巧克力和黄油熔化在一起，然后与其他食材进行混合就可以完成制作。

制作材料（18cm×7cm×6.5cm 的吐司面包模具，1 个份）

罐头金橘　15 块

巧克力　75g

黄油　80g

砂糖　75g

鸡蛋　2 个

低筋粉　30g

泡打粉　½ 小勺

可可　15g

准备工作

将巧克力切块，黄油切大块。

鸡蛋放置在常温下回温。

1

将巧克力以及黄油放入碗中，隔水加热使其熔化（），散尽余热后，使用刮刀轻轻搅拌。

2

在另一个碗中加入砂糖和鸡蛋，使用搅拌器仔细搅拌，然后加入 1 中搅拌均匀。

3

将粉类材料混合筛入 2 中，使用橡胶刮刀搅拌成面团。

4

将烘焙纸放置在模具中，放入一半面团，加入一半罐头金橘，把剩余的面团加入模具中，再加入剩余的金橘。

5

在 170℃的烤箱中烘焙 40 分钟，当面包表面裂开之后进行冷却。

A

小贴士

选择可可含量 60% 以上的巧克力，推荐使用法芙娜（VALRHONA 公司）的巧克力。

酸杏罐头
（p41）

制作材料（360mL 模具，1 个份）

罐头酸杏　适量
明胶粉　8g
水　3 大勺
杏仁　30g
牛奶　300mL
砂糖　40g
鲜奶油　100mL

准备工作

加水混合明胶粉。

使用热水煮杏仁 1 分钟，然后放在冷水中去皮（A）。

A

1

将牛奶和杏仁放入搅拌机内搅拌均匀，倒入锅中。加入砂糖，煮沸前关火，最后加入溶化的明胶。

2

在碗中加入鲜奶油，搅打至六分发状态。

3

将 1 浸入冰水中，直到其凝固，然后加入 2 混合，倒入模具中，在冰箱冷藏 2 小时以上，或者在房间内放置一晚。

4

将热水放入碗中，迅速将模具放入其中，使用小刀将 3 边缘与模具边缘分离，倒至盘子中，最后在顶部装饰上罐头酸杏。

酸杏杏仁巴伐露

使用杏仁制作巴伐露非常简单，味道也非常浓郁。与同是蔷薇科的酸杏的酸甜口味相得益彰。

桑格利亚酒蜜饯苏打
苹果冰沙
柑橘格雷伯爵茶

罐头能够完美体现水果的新鲜味道，制作成饮料或者沙冰非常合适，我会将这些不同的制作方法一一介绍给您。

【桑格利亚酒蜜饯苏打】

制作材料（1杯份）

桑格利亚酒蜜饯　2大勺

苏打水（无糖）　1杯

使用热水将桑格利亚酒蜜饯稀释，等分后放入杯中，加入苏打水。

【苹果冰沙】

制作材料（1杯份）

苹果罐头糖浆　适量

将苹果罐头糖浆倒入保鲜袋中，放置在冰箱里冷冻。冻成块之后打碎，加入杯中，然后根据喜好加入苹果白兰地（苹果蒸馏酒）。这是一份极具成年人口味的甜品。

【金橘格雷伯爵茶】

制作材料（1杯份）

金橘罐头糖浆　适量

格雷伯爵茶　1杯

在杯中倒入格雷伯爵茶，然后加入金橘糖浆，根据喜好调节甜味。

小贴士

避免冰茶变浑浊的方法有很多，最简单的办法就是减少水分，或者在茶水较热时直接加入冰块。

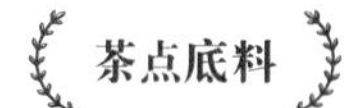

桑格利亚酒蜜饯果酱（p40）

苹果罐头（p40）

金橘罐头（p41）

No 5
曲奇面团

pâte à biscuit

简单烘焙就可以完成制作，也可以作为制作水果派的材料，是一款松脆的甜点。

油酥蛋糕以及曲奇的材料，直接擀平之后就可以作为水果派的制作材料，非常方便。可以直接在表面搭配其他甜水果，这些甜水果本身又具有一定的甜度，也就不用额外添加砂糖。但是，如果要使用砂糖，请选择细白砂糖，这样烘焙出的甜点才能够更具蓬松的质感。使用油桃、洋梨、无花果制作果馅饼是应季甜点的佳品。曲奇面团不但非常容易上手制作，而且食用方法也非常简单，将其擀平后放入冰箱内冷藏，取出后直接放入烤箱中烘焙，切成小块就是非常好吃的茶点了。

简单的花式做法

擀平后烘焙，切成小块，涂抹果酱或者巧克力。

擀平后烘焙，放上应季的水果和砂糖，烘焙成水果派。

曲奇面团的制作方法

制作材料（方便制作的用量大约 400g）

黄油　120g

细白砂糖　60g

鸡蛋　½ 个 *

低筋面粉　200g

* 如果想使用 1 个鸡蛋来制作，其他材料的用量请翻倍。

保存方法

用保鲜膜包严（或者放入密封袋中）后放入冰箱内冷冻，可以保存 2 周，使用的时候直接解冻即可。擀平之后冷藏，再次使用时，直接烘焙即可。

准备工作

将黄油和鸡蛋放置在室温下回温。

1

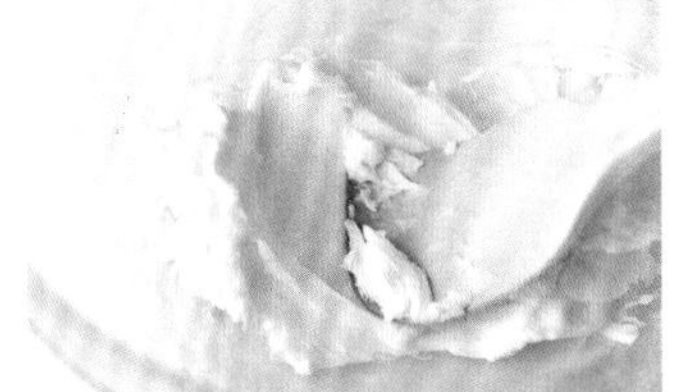

使用刮刀搅拌黄油至成为奶油状。

2

加入全部砂糖。

3

搅拌至完全混合均匀。

4

分次逐渐加入蛋液，最开始搅拌的时候不容易聚拢，要使用刮刀一边按压一边搅拌。

5

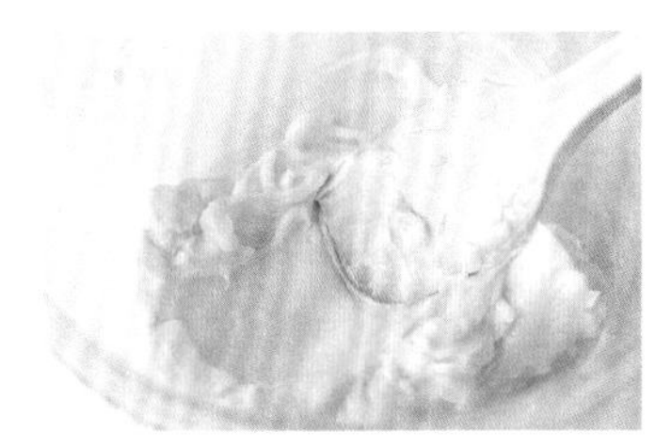

整体融合后继续搅拌，直到变得比较柔软。

6

加入低筋面粉，一边切分一边搅拌，直到融合在一起。

7

将碗周边多余的面粉也混合进去，然后使用刮刀大幅度搅动。

8

当基本成为面团的时候完成混合。

9

包裹保鲜膜，使用擀面杖擀平。

烘焙

模具曲奇

这是最简单的制作方法，直接烘焙即可完成，可以加入奶酪以及香料控制甜度，也可以放入粗糖增加甜度。自由调整甜度便有多种享受，非常适合作为甜点食用。

制作方法

将面团擀成5mm厚（根据喜好可在面团中加入奶酪以及肉桂粉、咖啡粉或者粗盐，然后再擀成面皮），用不同的模具分割面皮，分割好的面皮放置在烤盘上，彼此空出一定间隔，在170℃的烤箱中烘焙15分钟即可。

烘焙

蓝莓糖衣曲奇

凝固之后口感沙沙的，蓝莓酱的加入会增添酸甜的口味，看上去也非常可爱，使用勺子在表面直接涂抹，容易上手的一款曲奇。

制作方法

曲奇

参考左侧烘焙成喜欢的样子（直径3.5cm，12个份）

糖衣

细白砂糖3大勺混合蓝莓酱（果肉部分）1小勺，加入½小勺柠檬汁，使用勺子混合，然后舀出后涂抹在曲奇表面（如果过稀，可以加入细白砂糖增稠。如果过稠，可以加入果酱或者柠檬汁稀释）。

曲奇面团
（p50）

佛罗伦萨饼

深受大家喜爱的简单却不失奢华的一款甜点，是我常作为伴手礼送给朋友的经典甜点之一。将焦糖溶解之后，用烤箱就可以完成制作了。我个人比较喜欢脆脆的甜点，所以制作的也比较松脆，这也是甜点制作师的一点小任性吧。

制作材料（18cm × 18cm，1 个份）

曲奇面团　200g
黄油　30g
白砂糖　50g
蜂蜜　15g
鲜奶油（乳脂含量 35%）　25mL
杏仁切片　60g
柑曼怡（可随意）　1 大勺

1

将曲奇面团擀制成 17cm × 17cm 的正方形，放置在烘焙纸上，使用叉子在表面开出气扎，放入 180℃的烤箱内烘烤 15 分钟，直到表面颜色变淡。

2

在锅中加入黄油、砂糖、蜂蜜以及鲜奶油，中火煮至黄油熔化、表面开始起泡的时候，改成小火继续加热 1 分钟。

3

将杏仁切片和柑曼怡加入锅中，使用刮刀搅拌。

4

面团 **1** 尚未冷却的时候，使用勺子在表面涂抹 **3**，然后迅速放回烤箱内，在 180℃的温度下烘焙至表面颜色加深，大约烘焙 25 分钟。

5

连同烘焙纸一起去除，趁热切开。

小贴士

柑曼怡是香橙酒，加入之后曲奇的口感会变柔软。也可以加入香橙皮（日本产），提升整体的味道。

可以制作混合粗盐的佛罗伦萨饼，中间加入树莓果酱也很美味。

Nº 5

pâte à biscuit

曲奇面团
（p50）

苦味巧克力曲奇

顺滑的巧克力奶油包裹在曲奇中，便是一款非常可爱的点心。再混合咖啡粉，就变身成一款略带苦味的甜点。

制作材料（3cm×3cm，15个份）

曲奇面团　200g
意大利咖啡粉　⅓小勺
巧克力（切大块）　40g
朗姆酒　1小勺

1

在曲奇面团的表面撒上咖啡粉，然后擀制成15cm×18cm的面皮。使用叉子在面皮表面插出气孔，然后分割成3cm×3cm的正方形，在冰箱内冷藏15分钟，使其凝固。

2

在180℃电烤箱内烘焙15分钟。

3

加热巧克力，在沸腾之前加入鲜奶油，使其慢慢熔化，加入朗姆酒，混合，散尽余热之后夹在曲奇中间。

小贴士

可以根据喜好使用树莓或者白色巧克力来代替朗姆酒，味道也非常好。

使用格雷伯爵茶来代替咖啡，或使用果酱或者柑曼怡来代替朗姆酒（p54），都是不错的选择。

№ 5

pâte à biscuit

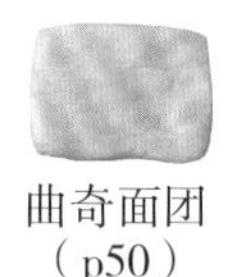

曲奇面团
（p50）

柠檬派

将曲奇面团擀平，可以不用模具直接烘烤。加入酸味的柠檬果酱和甘甜的曲奇面团一起混合，使得这款蛋糕颜色鲜明，极具法国风。

制作材料（直径 24cm）

曲奇面团　200g

细白砂糖　适量

【柠檬果酱】

砂糖　50g

玉米淀粉　1 大勺

柠檬皮（剁碎）　¼ 个

柠檬果汁　大约 80mL

鸡蛋　1 个（大约 50g）

鸡蛋黄　1 个（大约 20g）

（鸡蛋和鸡蛋黄混合备好）

1

制作柠檬果酱，在锅中放入砂糖、玉米淀粉、柠檬皮碎，使用打蛋器搅拌均匀。一点点加入柠檬汁，混合后再加入鸡蛋和鸡蛋黄溶液，搅拌均匀，直到完全融合在一起。

2

小火加热，使用刮刀从底部向上翻拌，待整体较有黏度时即可，倒入碗中，使用保鲜膜密封，放在旁边冷却。

3

将曲奇面团擀制成直径 26cm 的圆形，将边缘部分折起（A）。一边将边缘部分捏合一边折叠面团，然后使用叉子插出气孔，在 180℃的烤箱内烘烤 30 分钟，等待整体上色。

4

在 3 的表面涂抹柠檬果酱。

5

继续在180℃的烤箱内烘烤2～3分钟。

6

冷却，然后在边缘部分撒上细白砂糖。

A

Nº 5

pâte à biscuit

№6
海绵蛋糕面团

Génoise

烘焙、冷却之后，可以用来制作奶油三明治、卡斯提拉风格的蛋糕等。

在漫画书《古利和古拉》中出现的就是一款大大的咖啡色的卡斯提拉蛋糕，这是小孩子们非常喜欢的点心。鸡蛋的味道在口中弥漫的海绵蛋糕，同样也深受大人们的青睐。这款美味的蛋糕制作非常简单，将鸡蛋搅打均匀，与材料彻底混合即可完成。在制作这款蛋糕的时候，基本是零失误，因此无论是新手还是行家都能够充满信心地制作。在书中我们使用烤盘烘焙的方法来进行制作。这种制作方法面团比较薄，因此，如果制作时没有混合好面粉，也能够再次重新混合，烘烤的时间也相对比较短。由于能够清楚地观察到蛋糕表面颜色的变化，因此只要注意好时间就不会失败。

简单的花式做法

用刀子切开富有弹性的蛋糕就可以直接食用。

涂抹果酱或鲜奶油可以增添蛋糕的风味。

点缀上慕斯或冰淇淋可以成为非常美味奢华的小甜点。

海绵蛋糕面团的制作方法

制作材料（30cm×30cm 烤盘，1 个份）*

黄油　30g
牛奶　1 大勺
鸡蛋　3 个
砂糖　80g
低筋面粉　70g
* 用量翻倍，可以制作更多。

准备工作

将黄油和牛奶混合。

保存方法

体积比较大，可以切成两半后分别保存（不撕去烘焙纸，可以保持蛋糕湿润），用保鲜膜包严实（再此基础上放入密封袋更为理想），放入冰箱内可保存 2 周，品尝的时候可以直接自然解冻。

1
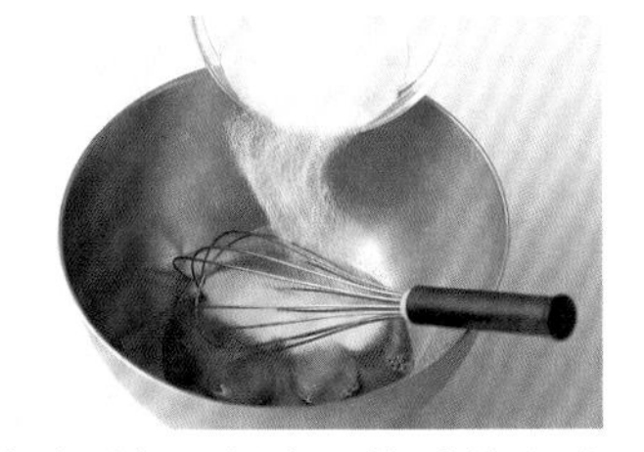
将鸡蛋打入锅中，然后放入砂糖。

2
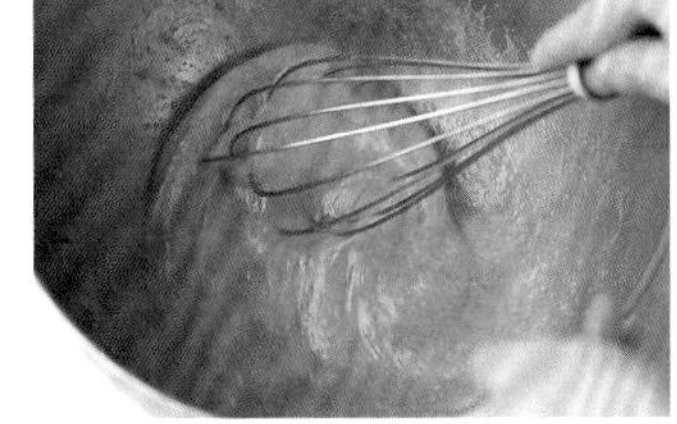
使用打蛋器搅打至完全混合。

3

将碗底浸入热水中(隔水加热)，然后使用高速打蛋器搅打。

4
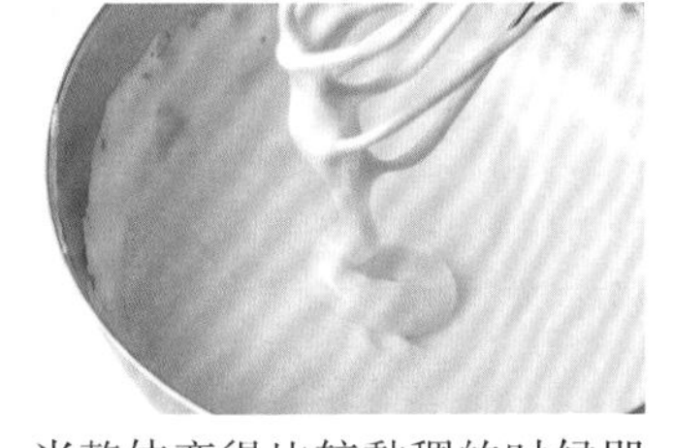
当整体变得比较黏稠的时候即可完成搅打。

5
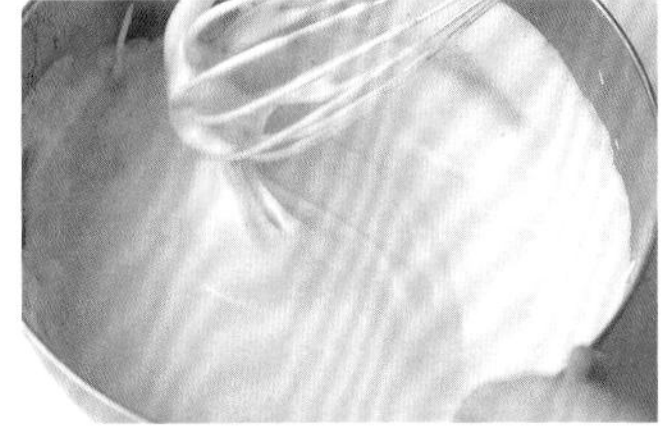
当整体更加黏稠的时候，用打蛋器低速搅打。

6

筛入低筋面粉，使用刮刀切拌。

7
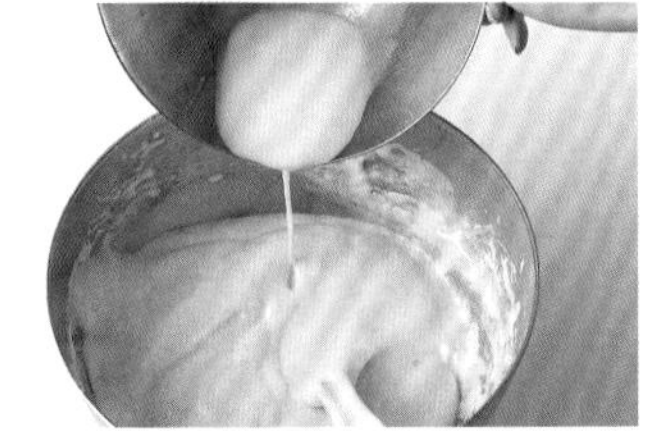
将熔化的黄油与牛奶混合在一起，使用铲子搅拌至面团黏稠。

8

将材料倒入放有烘焙纸的烤盘中。

9
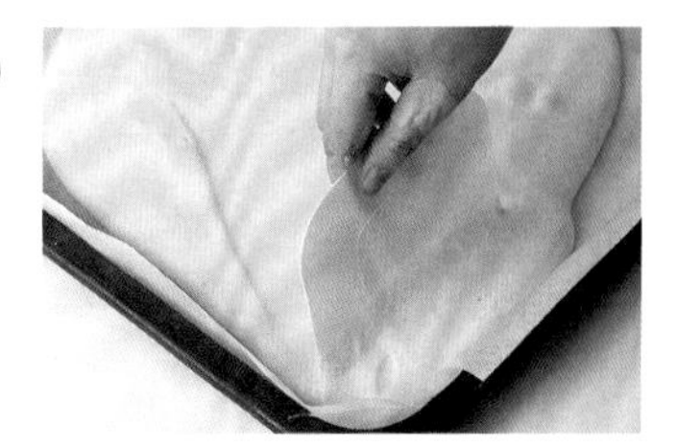
使用刮刀将面团刮平，然后在200℃的烤箱内烘烤 10 分钟。

烘焙

卡斯提拉蛋糕

使用较高的碗进行烘焙能够使蛋糕整体受热均匀。可以切开吃，也可以舀着吃，非常方便。根据个人喜好，还可以搭配果酱和奶油。

制作方法

使用直径约18cm的容器制作海绵蛋糕面团（参考p61步骤1～7），将黄油抹在容器内至七成位置，在170℃的烤箱中烘焙30分钟，当表面膨胀且上色时，使用牙签插入面团内部测试一下，如果牙签取出后没有黏着物即完成制作。最后撒上细砂糖。

夹心

马斯卡普尼干酪和酸杏果酱三明治

奶味十足且味道浓郁的马斯卡普尼干酪与略带酸味的酸杏果酱混合而成的海绵蛋糕。也可以选择梅子系列的果酱或者酸果酱，请根据喜好随意选择使用。

制作方法

将海绵蛋糕切成两半，然后涂抹100g的马斯卡普尼干酪，在另一片上再涂抹100g的酸杏果酱，两片重叠即可完成三明治的制作。

海绵蛋糕面团
(p60)

覆盆子黄油三明治

使用覆盆子与黄油搭配，形成浓厚且清爽的酸味。制作出来的甜点呈现粉红色，看上去非常可爱，味道也很怀旧，相信您一定会喜欢。

制作材料（15cm×15cm，1个份）

海绵蛋糕　½块（15cm×30cm）

【覆盆子黄油】

冷冻覆盆子　60g

砂糖　2大勺

柠檬汁、柠檬皮泥　各少许

黄油（常温放置）　60g

1

将冷冻的覆盆子和砂糖加入耐热的碗中，盖上保鲜膜，在微波炉中加热1分30秒，开始冒泡后加入柠檬汁和柠檬皮泥进行搅拌。

2

稍微冷却后加入黄油，利用余热进行溶解混合（夏季可以将碗浸在冰水中，用打蛋器一边搅拌一边与空气混合，当整体变得比较均匀的时候完成搅拌，自然冷却）。

3

将海绵蛋糕切成两半，在一片蛋糕的一侧涂抹2，然后与另外一片重叠放置在一起。

4

切成3cm×3cm的大小。

小贴士

可以使用新鲜的草莓来代替冷冻覆盆子。60g草莓可以与2大勺细白砂糖混合在一起，再加入60g的黄油完成制作。可以不用微波炉进行加热，平日里也可以很快捷地完成制作，方便食用。

制作成三明治以后可以放在冷冻室里保存2周左右，食用时放置在室温下回温即可，在冷藏室里可以保存2～3天。

№ 6

Génoise

海绵蛋糕面团
（p60）

椰子奶油咖啡蛋糕卷

醇厚的椰子奶油和略带苦味的咖啡混合。为防止烘焙时整理好的蛋糕卷产生断裂，要注意控制好烘焙的时间。在制作面团的时候涂满糖浆是制作的重中之重。

制作材料（长 14cm，1 个份）

海绵蛋糕　½ 片（15cm × 30cm）

椰子奶油　100g

鲜奶油　100mL

【咖啡糖浆】

水　60mL

砂糖　30g

朗姆酒　1 大勺

速溶咖啡　1½～2勺

准备工作

将制作咖啡糖浆的所有材料混合在一起，在微波炉中加热 1 分钟。

1

将鲜奶油在碗中搅打成团，加入椰子奶油后继续搅打。

2

将海绵蛋糕放在烘焙纸上，外侧是色深的一边，内侧涂满咖啡糖浆。

3

将 1 涂抹在面团上（靠近身体的部分增加用量）。

4

将靠近身体一侧的 1.5cm 部分用小刀起开，依此为中心轴将面团卷起。

5

用手将烘焙纸拉紧（B），将面团卷好，最后盖上保鲜膜，放置在冰箱内冷藏。

小贴士

可以放置在冷冻室内保存 2 周左右。

A

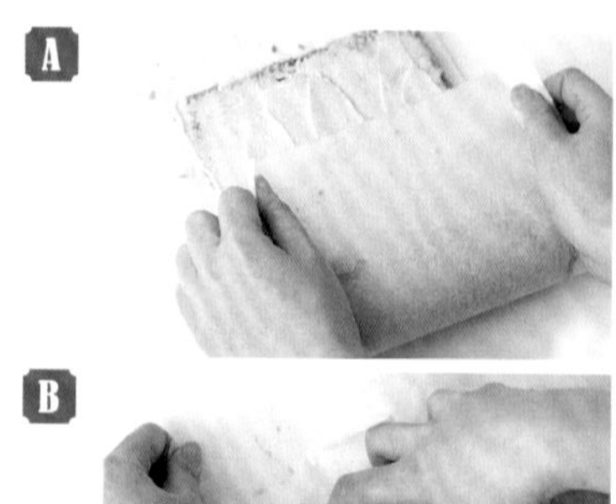

B

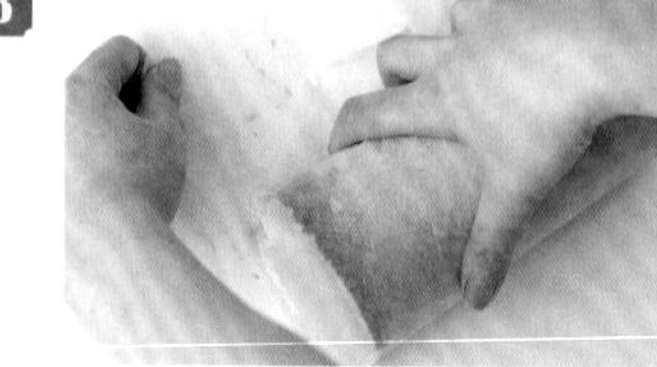

№ 6

Génoise

专栏 使用“法式茶点底料”制作的热饮

如果使用法式茶点底料制作热饮，直接溶解即可制作出一杯甘甜可口的饮品。可以在寒冷的冬季夕阳西下或是清晨起床的时候饮用。下面就为您介绍几款非常好喝的饮品。

A 热金橘茶

在杯中加入罐头金橘（p41），然后加入热水。

B 蛋奶酒

在锅中加入牛奶、肉桂、豆蔻煮沸，然后加入牛奶和英式奶油酱（p12），最后加入朗姆酒。

C 姜汁茶

在碗中加入罐头生姜（p41），然后根据喜好加入红茶。

D 焦糖拿铁

在咖啡中加入鲜奶油和焦糖奶油（p22）。

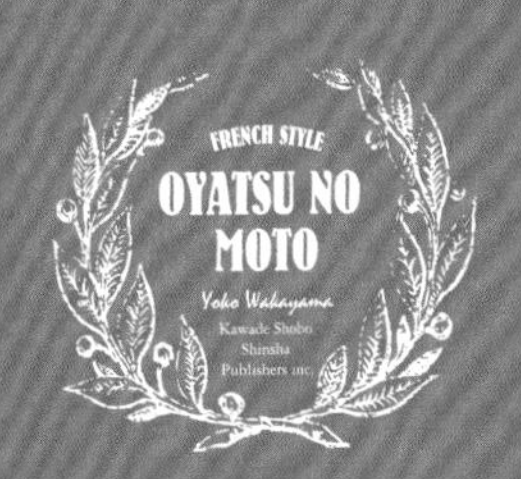

第二章

简单组合珍藏甜点

使用“底料”制作甜点的可能性是无限的，可以使用曲奇面团与奶油混合制作水果派，使用焦糖奶油与罐头水果混合制作慕斯。即便是豪华的甜点也可以使用这些“底料”很快地完成制作。

焦糖奶油
（p22）

酸杏罐头
（p41）

No 7

组合

combinaison

酸杏焦糖奶油蛋糕

使用焦糖奶油作为原材料，不需要过分搅拌，入口的时候就能体会到自然混合的味道，非常有趣。焦糖奶油和奶酪混合的浓郁味道集合于一身，酸杏的味道使整体口感更加平衡，是专门献给喜欢酸杏的人的一款蛋糕。

制作材料（直径约 15cm、高 5cm 的模具，1 个份）

焦糖奶油　40g

酸杏罐头　30g

奶油奶酪　200g

砂糖　60g

酸奶油（室温）　90g

鸡蛋　1 个

鸡蛋黄　1 个

玉米淀粉　10g

1

将奶油奶酪和砂糖放入碗中，使用打蛋器搅拌均匀。

2

依次加入酸奶油、鸡蛋、鸡蛋黄，撒上玉米淀粉。酸杏切成 1cm 小块，加入其中混合。

3

倒入模具中，加入焦糖奶油，使用筷子简单搅拌，在模具中进行造型（A）。

4

在170℃的烤箱中隔水烘烤30～40分钟，之后在烤箱中自然放至冷却。

№ 7

combinaison

曲奇面团
（p50）

杏仁奶油酱
（p30）

金橘罐头
（p41）

金橘杏仁奶油酱水果派

脆脆的面团中加入香味十足的杏仁奶油酱，再添加些清爽甘甜的金橘，一款水果派就制作完成了。制作中可将全部材料准备齐全后直接烘烤。

制作材料（直径 24cm，1 个份）

曲奇面团　200g

杏仁奶油酱　200g

金橘罐头　16 个

金橘罐头糖汁　2 大勺

酸杏果酱　50g

开心果　少量

1

将面团擀平成 26cm 的圆形对面皮，将边缘部分捏起（A），使用叉子在表面插出气孔。

2

在表面涂抹杏仁奶油酱，然后在表面撒上沥干水分的金橘。

3

在180℃的烤箱中烘烤30～40分钟，直到表面变成茶色。

4

将金橘罐头糖汁和酸杏果酱加入小锅中，使用小火进行炖煮，过滤之后撒在派皮表面。

5

在表面装饰开心果。

№ 7

combinaison

英式奶油酱
（p12）

焦糖奶油
（p22）

苹果罐头
（p40）

苹果焦糖慕斯

苹果和焦糖的融合度很高，可以给柔软的慕斯带来一丝苦涩和酸甜，加入鸡蛋后蛋糕味道变得更加醇厚，是一款能够带给人满足感的甜点。

制作材料（直径 5.5cm、高 8.5cm 的模具，3 个份）

英式奶油酱　100mL
焦糖奶油　50g
苹果罐头　100g
明胶粉　3g
水　1 大勺
鲜奶油　100mL
白兰地或者苹果白兰地（根据喜好）　2 小勺
焦糖奶油（装饰用）　1.5 小勺
苹果罐头（装饰用）　适量

准备工作

用水浸泡明胶，然后隔水加热溶解。

1

将英式奶油酱、焦糖奶油加入碗中混合。隔水加热，加入明胶粉之后混合。

2

在另一个碗中加入部分鲜奶油，搅打至八分发（提起打蛋器，打发物有弯钩）。

3

将 **1** 碗底浸在冰水中，冷却至整体变得黏稠，在 **2** 中加入剩余鲜奶油混合搅拌。

4

根据个人喜好，在切成块的罐头苹果中加入白兰地或者苹果白兰地，最后倒入容器中，再加入 **3**，在凝固之前装饰焦糖奶油，用筷子搅拌，最后装饰罐头苹果。

小贴士

可以将海绵蛋糕撕碎后放置在杯底，增加甜点的感觉。

№ 7
combinaison

茶点底料

海绵蛋糕面团
（p60）

桑格利亚酒蜜饯
（p40）

英式奶油酱
（p12）

梅子蜜饯甜点

将制作好的各种“底料”混合在一起就可以轻松搭配出来华丽的甜点。甜味十足的酱料中加入酸甜的草莓，配合软软的蛋糕一起品尝，非常美味。

制作材料（2 人份）

海绵蛋糕　15cm × 15cm　1 片

桑格利亚酒蜜饯　3～4大勺

英式奶油酱　50mL

草莓、树莓、蓝莓　各适量

鲜奶油　100mL

1

将海绵蛋糕撕碎与水果一起放入杯中。

2

加入鲜奶油、桑格利亚酒蜜饯，最后加入英式奶油酱。

小贴士

可以根据个人喜好加入冰淇淋或者雪利酒。

№ 7

combinaison

曲奇面团
（p50）

焦糖奶油
（p22）

桑格利亚酒
蜜饯（p40）

金橘罐头
（p41）

酸杏罐头
（p41）

曲奇三明治

根据个人口味，在曲奇面团上随意搭配自己喜欢的食材。不管是奶油还是罐头水果，不用刻意，将制作出来的底料随心组合，尽情享受专属自己的开心组合！

制作材料（直径5.5cm 菊花形模具，13～14个份）

曲奇面团　200g

烘焙曲奇。将面团擀制成 5mm 大小，使用叉子在面团上插出气孔，放入菊花形模具中，在170℃的烤箱中烘焙 15 分钟，自然冷却。

【焦糖奶油底料】　在面团上涂抹焦糖奶油……涂抹 1 小勺

· 罐头酸杏　1 个

· 巧克力（捣碎）　3 个
· 食盐　少许

· 小软糖（烘烤）　3 个
· 核桃　1 个

· 香蕉（切片）　1 片
· 核桃（切碎）　少许
· 开心果（切大块）　少许

【马斯卡普尼干酪底料】　在曲奇面团中加入少许蜂蜜和食盐，然后涂抹 1 小勺马斯卡普尼干酪。

· 草莓　1 个

· 罐头金橘　1 个
· 开心果　少许

· 蓝莓　6 粒

· 核桃、杏仁、美国大榛子　各 1 粒

· 奇异果（切成半月形薄片）3 片

· 焦糖奶油　少许

· 白巧克力（切碎）　3 片
· 桑格利亚酒蜜饯　1 小勺
· 青柠丝　少许

NO 7

combinaison

图书在版编目（CIP）数据

零基础法式家庭甜点 / (日) 若山曜子著 ; 邓楚泓译. -- 海口 : 南海出版公司, 2017.9

ISBN 978-7-5442-8934-4

Ⅰ. ①零… Ⅱ. ①若… ②邓… Ⅲ. ①甜食－制作 Ⅳ. ①TS972.134

中国版本图书馆CIP数据核字(2017)第100779号

著作权合同登记号 图字：30-2017-020

TITLE：［フランスの素朴なおやつのもと］

BY：［若山 曜子］

LING JICHU FASHI JIATING TIANDIAN

零基础法式家庭甜点

策划制作：北京书锦缘咨询有限公司（www.booklink.com.cn）

总 策 划：陈 庆

策　　划：李 伟

作　　者：［日］若山曜子

译　　者：邓楚泓

责任编辑：余 靖

排版设计：王 青

出版发行：南海出版公司 电话：（0898）66568511（出版）（0898）65350227（发行）

社　　址：海南省海口市海秀中路51号星华大厦五楼 邮编：570206

电子信箱：nhpublishing@163.com

经　　销：新华书店

印　　刷：北京和谐彩色印刷有限公司

开　　本：889毫米×1194毫米 1/16

印　　张：5

字　　数：69千

版　　次：2017年9月第1版 2017年9月第1次印刷

书　　号：ISBN 978-7-5442-8934-4

定　　价：38.00元